字透人生

风丽 编著

吉林文史出版社

JILIN WENSHI CHUBANSHE

图书在版编目（CIP）数据

字透人生 / 风丽编著. -- 长春：吉林文史出版社，
2025. 3. -- ISBN 978-7-5752-1010-2

Ⅰ. B821-49

中国国家版本馆CIP数据核字第2025LZ6613号

字透人生
ZI TOU RENSHENG

出 版 人　张　强
编　著　风　丽
责任编辑　钟　杉
封面设计　韩海静
版式设计　李　军
出版发行　吉林文史出版社
地　　址　长春市净月区福祉大路5788号
邮　　编　130117
电　　话　0431-81629357
印　　刷　三河市南阳印刷有限公司
开　　本　670mm×960mm　　1/16
印　　张　8
字　　数　50千
版　　次　2025年3月第1版
印　　次　2025年3月第1次印刷
书　　号　ISBN 978-7-5752-1010-2
定　　价　59.00元

前言

在浩瀚的中华文化长河中，书法艺术如同一颗璀璨的明珠，历经千年而不衰。它不仅承载着历史的记忆，更蕴含着深厚的文化底蕴和民族情感。

本书通过精心挑选历史上众多著名书法家的代表作及其书写过的名家名句，结合书法家的生平事迹和艺术成就，为读者呈现了一幅幅生动多彩的书法人生画卷。从包弼臣的雄厚恣肆、力透纸背，到杨守敬的自然流畅、字势平稳……每一位书法家的作品都如同一面镜子，映照出他们独特的个性和深邃的内心世界。读者在欣赏书法作品的艺术美感之余，更能深入领会作品背后的文化内涵与人生哲理。

阅读本书，我们不但能够领略书法艺术的无穷魅力，还能从中汲取人生的智慧与力量。例如，从王羲之的"崇山峻岭林竹茂，曲水流觞叙幽情"中，我们能感受到他对自然美景的热爱以及对人生的豁达态度；从颜真卿的"三更灯火五更鸡，正是男儿读书时"中，我们可以体会到他勤奋好学、珍惜时光的精神风貌。这些经典名句，既是书法艺术的瑰宝，更是人生路上的灯塔，为我们指引前行的方向。

此外，本书还收录了大量的书法常用诗词，这些诗词不仅具有很高的文学价值，而且与书法艺术相得益彰。通过日复一日的练习，读者可以更加深入地理解诗词的意境和情感，同时也能够提升对书法艺术的鉴赏能力。

在当今社会，随着科技的飞速发展与人们生活节奏的不断加快，书法艺术似乎渐渐淡出了人们的视野。《字透人生》一书旨在引领大家重新发现书法艺术的独特魅力与价值，为快节奏的现代生活提供一方静谧的心灵港湾，让人们在纷扰中找到内心的平和与宁静。

希望读者在阅读本书和练习书法的同时，也能感受到中华文化的博大精深，以及那些伟大书法家们留下的精神遗产。让书法不仅停留在纸面上，更是融入我们的生活，成为我们心灵的一部分，激发我们对美好生活的向往与追求。

目 录

百家书法名句 ………………………………… 001

书法常用诗句 ………………………………… 033

《诗经》名篇 ………………………………… 095

百家书法名句

包弼臣

包弼臣（1831—1917），名汝谐，晚年号谷叟，四川南溪人。20岁时考取廪生，36岁时中举，先后在南溪龙腾书院、富顺三台书院任主讲，曾在资州创办艺风书院，选任盐源训导、邛州学政、资州学政。

书法作品名句

澡身玄渊，宅心道秘。
固已羽仪振鹭，鬐藻群龙者焉。

极物之真，能守其本。
相视而笑，莫逆于心。

平生所谈性命奥，适意无异逍遥游。
将辞邺下刘公干，送与襄阳孟浩然。

杨守敬

杨守敬（1839—1915），字吾，号邻苏，晚号邻苏老人，室名三不惑斋等。清末民初杰出的历史地理学家、金石文字学家、书法艺术家等。

书法作品名句

扫崖去落叶，抱瓮灌秋蔬。

烟黏薜荔龙须软，雪压芭蕉凤翅垂。

山下云连山上，溪西水接溪东。

赤壁泛舟七月既望，兰亭修禊暮春之初。

🦋 曾熙

曾熙（1861—1930），湖南衡州府（今衡阳市）人，字季子，又字嗣元，更字子缉，号俟园，晚年自号农髯，是近代书法家、画家、教育家，与李瑞清齐名，有"北李南曾"之誉，并称"曾李"，又与李瑞清、沈曾植、吴昌硕并称为"民初四家"。

〰️ 书法作品名句

岁月迁流曾不我与，惟太初一石苍翠，立于江前，人之往来其间，但增幽想。拟黑女意。

昔在中叶，作牧周、殷。爰及汉、魏司徒、司空。不因举烛，便自高明；无假置水，故以清洁。远祖和，吏部尚书、并州刺史。

登高而尽四野所有，著书以成一家之言。

宝三古之彝器，罗万卷于石渠。

🕊 齐白石

　　齐白石（1864—1957），原名纯芝，字谓青，后改名为横，字濒生，号白石山人，此外还有许多别号，如木居士、木人、杏子坞老民、星塘老屋后人、湘上老农、齐大、寄园、寄萍老人、三百石印富翁等，是现代著名的书法家、画家、篆刻家。

〰 书法作品名句

　　青鬓离乡忽白毛，苦思无计绝烦劳。

　　世途行尽堪夸耀，妻妾都能打被包。

　　人欲骂之，余勿听也；人欲誉之，余勿喜也。

　　小技雕虫费切磋，圈花出干胜金罗；若使乾嘉在今日，风流一定怪增多。

华世奎

华世奎（1864—1942），字启臣，号璧臣、思暗、北海逸民，祖籍江苏无锡，后迁于天津，著名书法家，天津"四大家"之首。他的书法作品也被各美术出版社相继出版，如《津门华世奎孝经帖》《朱伯庐先生家训》等。

书法作品名句

闭户著书多岁月，挥毫落纸如云烟。

种来松树高于屋，更倚朱栏待鹤归。

风来松度龙吟曲，雨过庭余鸟迹书。

白藤交穿织书笈，赤鳞狂舞拨湘绒。

🌿 黄宾虹

黄宾虹（1865—1955），原名懋质，字朴存，一作朴人，中年更号宾虹、别署予向、虹叟、黄山山中人等，原籍安徽歙县，出生于浙江金华，是中国近现代国画家、书法家、篆刻家、诗人、艺术教育家。

〰️ 书法作品名句

耦种野花成小圃，醉题卷石当矛山。

存綮晨兴星在树，雕栏夜静月移花。

乐天尊古应难老，吉德饮和宜永年。

王孙善画有番马，右军工书若戏鸿。

山林熟鱼鸟，田舍乐桑麻。

🦋 李瑞清

李瑞清（1867—1920），江西临川人。清光绪二十一年（1895）进士，后任翰林院庶吉士、江宁提学使、南京两江优级师范学堂总办、江苏布政使等职。他与曾熙并称为"北李南曾"，张大千亦曾师从于他。

☁ 书法作品名句

金车邵公史，玉钰有卿寮。

大寿不知岁，至人常无思。

丹霞表衿庆云扶，松叶长寿梅华谷。

德义渊闳，履禄绥厚。

边城欲师旅，田舍自丰登。

赵熙

赵熙（1867—1948），号香宋，字尧生，又署香宋词人、天山渔民，室名雪王龛，四川荣县人，是近代学者、诗人、书法家，偶作山水画。晚年归乡后，他专心著述，编著有《赵尧生诗稿》《香宋诗前集》《香宋词》《慈香小集》《峨嵋纪行诗》，主修《四川通志》等。

书法作品名句

倾壶待客花开后，出竹吟诗月上初。

月出上方诸品静，僧持半偈万缘空。

一卷在心如雨露，西风一剑上昆仑。

谁听仁义来踞灶，且引桔槔学灌园。

金钏手摇春水影，玉楼帘卷卖花声。

🪶 王羲之

　　王羲之（303—361），字逸少，世称王右军，琅琊临沂（今山东临沂）人，后移居会稽山阴（今浙江绍兴），是东晋时期大臣、文学家、书法家。王羲之出身名门世族琅琊王氏，23岁时入仕，始任秘书郎，继为长史、宁远将军、江州刺史、右军将军、会稽内史。永和十一年（355年），其称病辞去会稽郡职务。后放情于山水之间，弋钓娱乐。

〰 书法作品名句

　　《初月帖》：初月十二日，山阴羲之报：近欲遣此书，停行无人，不办遣信昨至此，且得去月十六日书，虽远为慰，过嘱。卿佳不？吾诸患殊劣殊劣。方陟道忧悴，力不具。羲之报。

　　《得示帖》：得示，知足下犹未佳，耿耿。吾亦劣劣。明，日出乃行，不欲触雾故也。迟散。王羲之顿首。

　　《寒切帖》：十一月廿七日羲之报：得十四、十八日书，知问为慰。寒切，比各佳不？念忧劳，久悬情。吞食甚少，劣劣！力因谢司马书，不一一。羲之报。

米芾

米芾（1052—1108），初名黻，后改为芾，字元章，世居太原（今属山西），幼年随父徙居襄阳（今属湖北），自号海岳外史。他曾任校书郎、书画学博士、礼部员外郎，与蔡襄、苏轼、黄庭坚合称"宋四家"。他的书画自成一家，枯木竹石，山水画独具风格特点，有"米派"一说；擅篆、隶、楷、行、草等书体，且擅长临摹古人书法，几乎可以达到乱真的程度。他的行为举止极其怪异，人称"米颠"，是有名的怪才书法家，存世书作有《苕溪诗》《蜀素帖》，其中，《蜀素帖》是"天下第八行书"，被后人誉为"中华第一美帖"。

书法作品名句

《临沂使君帖》：芾顿首。戎帖一、薛帖五上纳。阴郁。为况如何？芾顿首。临沂使君麾下。

《伯充帖》：十一月廿五日。芾顿首启。辱教。天下第一者。恐失了眼目。但怵以相知。难却尔。区区思仰不尽言。同官行。奉数字。草草。芾顿首。伯充台坐。

《清和帖》：芾启。久违。倾仰，夏序清和，起居何如？衰年趋召，不得久留，伏惟珍爱。米一斛，将微意，轻鲜悚仄。余惟加爱、加爱。芾顿首。窦先生侍右。

《彦和帖》：芾顿首启。经宿。尊候冲胜。山试纳文府。且看芭山。暂给一视其背。即定交也。少顷。勿复言。芾顿首。彦和国士。本欲来日送。月明。遂今夕送耳。

🍃 祝允明

祝允明（1461—1527），字希哲，因长相奇特，而自嘲丑陋，又因右手有枝生手指，故自号"枝山"，世人称"祝京兆"，长洲（今江苏苏州）人，是明代著名书法家。

祝允明擅诗文，尤工书法，名动海内。他与唐寅、文徵明、徐祯卿并称"吴中四才子"，又与文徵明、王宠同为明中期书家之代表。草书师法李邕、黄庭坚、米芾，功力深厚，晚年尤重变化，风骨烂漫，所书《前后赤壁赋》卷现藏于上海博物馆。

〰️ 书法作品名句

《失白鹇》：何处青冥会一冲，短翎应近市廛中。来时相见银塘静，去后休嗟蕙帐空。

自笑无鱼难久馆，谁言有鹄不如笼。归心一夜秋来月，吴水吴山几万重。

《小米山水》：襄阳墨渖未曾干，十里潇湘五尺宽。樵径不禁苔露滑，渔蓑长带水云寒。澄澄僧眼连天碧，淡淡蛾眉隔雾蟠。恐为醉翁当日写，平山堂上雨中看。

《谒张文献公祠》：丞相祠堂曲水涯，祠边仍是相公家。千秋若解收金镜，万里何缘枉翠华。庭下牺牲兼絮酒，岭头松树夹梅花。人间不乏牛仙客，每揽遗编费叹嗟。

《县斋早起》：县小才疏政未成，披衣冲瘴听鸡鸣。向来啸傲知多暇，老去驱驰敢自宁。有物解将王路塞，何人填得宦途平。拙谋果是因微禄，好傍吴田晏起耕。

🕊 颜真卿

颜真卿（709—784），字清臣，小名羡门子，别号应方，出生于京兆万年（今陕西西安），祖籍琅琊临沂（今山东临沂），是唐朝的名臣、书法家。其书法精妙，擅长行、楷，创"颜体"楷书，对后世影响很大，与柳公权并称"颜柳"。

☁ 书法作品名句

《劝学》：三更灯火五更鸡，正是男儿读书时。黑发不知勤学早，白首方悔读书迟。

《谢陆处士杼山折青桂花见寄之什》：群子游杼山，山寒桂花白。绿荑含素萼，采折自逋客。忽枉岩中诗，芳香润金石。全高南越蠹，岂谢东堂策。会惬名山期，从君恣幽觌。

《湖州帖》：江外唯湖州最卑下，今年诸州水并凑此州入太湖，田苗非常没溺。赖刘尚书安抚，以此人心差安，不然，仅不可安耳。真卿白。

《赠裴将军》：裴将军，大君制六合，猛将清九垓。战马若龙虎，腾陵何壮哉。将军临北荒，烜赫耀英材。剑舞跃游电，随风萦且回。登高望天山，白雪正崔嵬。入阵破骄虏，威声雄震雷。一射百马倒，再射万夫开。匈奴不敢敌，相呼归去来。功成报天子，可以画麟台。

柳公权

柳公权（778—865），字诚悬，京兆华原（今陕西铜川）人。唐朝中期官员、书法家、诗人。柳公权工于辞赋，且擅长书法，初学王羲之，又吸取了颜真卿、欧阳询之长，以楷书著称，自创独树一帜的"柳体"，与颜真卿并称"颜柳"，与欧阳询、颜真卿、赵孟頫并称"楷书四大家"。传世碑刻有《金刚经》《玄秘塔》《神策军》等，行草有《伏审帖》《十六日帖》《辱向帖》等，墨迹有《蒙诏帖》《王献之送梨帖跋》传于世。

🌊 书法作品名句

好花放初日，归鸟带斜阳。

月来满地水，云起一天山。

愿乘风破万里浪，甘面壁读十年书。

鱼乐焉知人乐，泉清不若心清。

江月不随流水去，天风直送海涛来。

《蒙诏帖》：公权蒙诏，出守翰林，职在闲冷。亲情嘱托，谁肯响应，深察感幸。公权呈。

《王献之送梨帖跋》：因太宗书卷首，见此两行十字，遂连此卷末，若珠还合浦，剑入延平。大和三年三月十日，司封员外郎柳公权记。

欧阳询

欧阳询（557—641），字信本，潭州临湘（今湖南长沙）人，与虞世南、褚遂良、薛稷并称"初唐四大家"，与欧阳通合称"大小欧"。他精通书法，以楷书为最，代表作包括：楷书《九成宫醴泉铭》《皇甫诞碑》《化度寺碑》；行书《仲尼梦奠帖》《行书千字文》，被称为"唐人楷书第一"。

其一　造化

天为生日月星辰，即所谓多情也。

人不是圣贤禽兽，何能息一念哉。

其二　率性

行乐当及时，劝相倾金谷酒。

感秋最多事，轻莫作玉人歌。

其三　知音

退之有不平气，与孟东野文，知而无解。

歌者非薄幸人，得杜紫微赏，竟以何言。

其四　独尊

书乃君父传，大王其圣名立。

诗为自家事，老杜以沉郁终。

其五　远望

意兴何如，惟陶谢雅和、孟王疏旷。

田园可也，有闲云散绮、野树垂阴。

🌿 王献之

王献之（344—386），字子敬，小字官奴，琅琊临沂（今山东临沂）人。书圣王羲之第七子，也是简文帝司马昱的女婿，是东晋著名的书法家、诗人、画家，与父合称"二王"，与张芝、钟繇、王羲之并称"四贤"。

书法作品名句

《江州帖》：吾当托桓江州助汝，吾此不辨得遣人船迎汝。当具东改枋三四。吾小可者，当自力无湖迎汝。故可得五六十人小枋。诸谢当有，有便是见。今当语之，大理尽此。信可一一白。脚痛可堪。而比作书纪若不可识。

《疾不退帖》：疾不退，潜处当日深。岂可以常理待之。此岂常忧忧。不审食复何如。

云肌色可可。所堪转胜。复以此慰驰辣耳。

《消息帖》：消息亦不可不恒精以经心。向秋冷疾下。亦应防也。献之下断来。恒患湿头痛。复小尔耳。

《省前书帖》：省前书，故有集聚意。当能果不。足下小大佳不。闻官前逼，遣足下甚急。想以相体恕耳。足下兄子以至广州耶。当有得集理。不念愚心也耳。

怀素

怀素（737—799）早年出家为僧，俗姓钱，字藏真，僧名怀素，永州零陵（今湖南永州）人，后移居长沙，是唐代杰出书法家，史称"草圣"。怀素的草书称为"狂草"，用笔圆劲有力，使转如环，奔放流畅，一气呵成，被誉为"天下第一草书"。

书法作品名句

《自叙帖》（节选）：怀素家长沙，幼而事佛，经禅之暇，颇好笔翰。然恨未能远观前人之奇迹，所见甚浅。遂担笈杖锡，西游上国，谒见当代名公，错综其事。遗编绝简，往往遇之，豁然心胸，略无疑滞。鱼笺绢素，多所尘点，士大夫不以为怪焉。

颜刑部，书家者流，精极笔法，水镜之辨，许在末行。又以尚书司勋郎卢象、小宗伯张正言曾为歌诗，故叙之曰："开士怀素，僧中之英，气概通疏，性灵豁畅，精心草圣。

积有岁时，江岭之间，其名大著。故吏部侍郎韦公陟，观其笔力，勖以有成。今礼部侍郎张公谓赏其不羁，引以游处。兼好事者，同作歌以赞之，动盈卷轴。

夫草稿之作，起于汉代，杜度、崔瑗，始以妙闻。迨乎伯英，尤擅其美。羲献兹降，虞陆相承，口诀手授。以至于吴郡张旭长史，虽姿性颠逸，超绝古今，而模楷法精详，特为真正。

黄庭坚

黄庭坚（1045—1105），字鲁直，洪州分宁（今江西修水）人，自号山谷道人，晚号涪翁，又称黄豫章，以"谪仙"自称，世称"金华仙伯"，为北宋诗人、词人、书法家。

黄庭坚自幼聪颖好学，记忆力惊人，曾以文章诗词受知于苏轼，与张耒、晁补之、秦观并称"苏门四学士"，为"江西诗派"的开山之祖，其著作有《豫章黄先生文集》《山谷琴趣外篇》(也称《山谷词》)。

书法作品名句

《花气薰人帖》

花气薰人欲破禅，心情其实过中年。
春来诗思何所似，八节滩头上水船。

《次韵黄斌老所画横竹》

酒浇胸次不能平，吐出苍竹岁峥嵘。
卧龙偃蹇雷不惊，公与此君俱忘形。
晴窗影落石泓处，松煤浅染饱霜兔。
中安三石使屈蟠，亦恐形全便飞去。

《牧童诗》

骑牛远远过前村，
短笛横吹隔陇闻。

多少长安名利客，

机关用尽不如君。

《鄂州南楼书事》

四顾山光接水光，

凭栏十里芰荷香。

清风明月无人管，

并作南楼一味凉。

高邕

高邕（1850—1921），字邕之，号李盦，别署苦李、孟悔，入民国，又号赤岸山民、清人高子。在书法方面，高邕兼取颜真卿与柳公权之法，享有盛誉。高邕自幼便热衷于书法练习，二十岁进入县学之时，就已颇具书名。他以草书笔法作画，独具匠心且用心良苦。

书法作品名句

丹光出林掩明月，玉气上天为白云。

福喜盈积流成河海，以志娱乐安如泰山。

虽无师保可对天地，不立城府自振纪纲。

山家古木明朱实，珂里高门咏白华。
日暮柳边人载酒，月明花下客凭阑。
世传白璧宝千载，人对黄花酒一樽。
一带清流环左右，百年古木长曾孙。

清游乃逢康乐，嘉好或同子猷。
山深时逢白鹿，舟归多载黄花。
望道吾师孔子，乐天人好如来。
流水急鲨鱼立，斜阳微猎马归。

潘祖荫

潘祖荫（1830—1890），字东镛，小字凤笙，号伯寅，亦号少棠、郑盦，斋名攀古楼、滂喜斋。江苏吴县（今苏州）人。他学识渊博，雅善书法，亦擅考证，家藏丰富。有《攀古楼彝器图释》《滂喜斋丛书》《功顺堂丛书》等。

书法作品名句

善事上官无失名誉，探撰前记缀集所闻。

泪泪尘埃阅岁华，青山相见认空花。清淮风月元无价，凭仗诗翁为我赊。又一篇云，长淮千古自流东，六月城头日日风。天际玉潢无出处，夜山围在月明中。

尝有好事，就吾求习。吾乃粗举纲要，随而授之，无不心悟手从，言忘意得，纵未穷于众术，断可极于所诣矣。若思通楷则，少不如老；学成规矩，老不如少。思则老而愈妙，学乃少而可勉。勉之不已，抑有三时；时然一变，极其分矣。

至如初学分布，但求平整；既知平整，务追险绝；既能险绝，复归平正。初谓未及，中则过之，后乃通会，通会之际，人书俱老。仲尼云：五十知命，七十从心。故以达夷险之情，体权变之道。

🦋 王铎

王铎（1592—1652），字觉斯（之），号十樵、嵩樵、痴庵、痴仙道人、烟潭渔叟，平阳府洪洞县（今山西省洪洞县）人。天启二年（1622），考中进士，入选庶吉士，历任太子左谕德、太子右庶子、太子詹事、南京礼部尚书。王铎善于书法，与董其昌齐名，有"南董北王"之称。正如李志敏评价："王铎的草书纵逸，放而不流，纵横郁勃，骨气深厚。"书法作品有《拟山园帖》《琅华馆帖》等。绘画作品有《雪景竹石图》等。

书法作品名句

《燕子矶》

崖碧草来几日，突兀惊人江步南。难道投鞭超水势，不堪沉锁怨山岚。

吴乘未尽神奸事，越绝独为铸剑谈。便访琴高称弟子，勿劳频诵蕊珠函。

《沛中》

河势遥从碛石回，纡盘芒砀辟蒿莱。征人细问藏蛇泽，牧子犹传戏马台。

饥馑风腥日屡蚀，戈矛气黯士当陾。歌风千载还堪续，采艺八鸾莫怨哀。

《莫愁湖》

城西云木昼阴阴，粉黛何为说至今。不见当时杂佩响，可知幽处落花深。

菱歌莫忘蟬赋，水调先忧郑卫心。寄语英雄垂令问，绿蒲红屿有徽音。

🍃 刘墉

刘墉（1719—1804，又作 1720—1805），字崇如，号石庵，另有青原、香岩、东武、穆庵、溟华、日观峰道人等字号，高密注沟逄戈庄人，清代乾隆时期政治家、书法家、文学家、史学家。刘墉精通儒学，喜爱文学，尤以书法重于时，为乾隆朝四大书法家之一。其书法用墨饱满，墨浓字肥，浑厚端庄，雄厚劲道，时人有"浓墨宰相，淡墨探花"之美誉。其诗的体裁和内容都很广泛，语言朴实清新，颇有可读性。著有《石庵诗集》。

〰 书法作品名句

学觑天人宁有伴，文如风水本无心。

五色芝和仙露长，九如图向岱岩探。

楼台金碧将军画，水木清华仆射诗。

花气欲浮金翡翠，墨香常护玉蟾蜍。

钟繇

钟繇（151—230），颍川人社（今河南许昌长葛东）人，三国时期著名书法家和政治家。他的书法风格刚柔并济，点画之间充满异趣，被誉为"幽深无际，古雅有余"。钟繇在书法领域有着深厚的造诣，篆、隶、真、行、草多种书体兼工，尤其擅长楷书，被誉为"楷书鼻祖"，对后世书法产生了深远的影响。他所创作的《宣示表》堪称楷书之经典杰作，展现了魏晋时代楷书逐渐成熟的艺术特征。他与东晋书法家王羲之齐名，二人并称为"钟王"。

书法作品名句

《得长风帖》

得长风书，灵柩幽隔卅年。想平昔，痛慕崩绝，岂可居处，抽裂不能自胜。谢书已乞日安昔，即其情事长毕，奈何。松等陨恸，哀情顿泄，亦难可言。都还未卜，聊示友，中郎相忧不去心，感远怀近，增伤惋，每见范母子哀号，使人情悲。

张旭

张旭（685—759），字伯高，一字季明，苏州吴县（今江苏苏州）人，唐代书法家，擅长草书，喜欢饮酒，世称"张颠"，与怀素并称"颠张醉素"，与贺知章、张若虚、包融并称"吴中四士"，又与贺知章等人并称"饮中八仙"，其草书则与李白的诗歌、裴旻的剑舞并称"三绝"。

📘 书法作品名句

《清溪泛舟》

旅人倚征棹，薄暮起劳歌。

笑揽清溪月，清辉不厌多。

《桃花溪》

隐隐飞桥隔野烟，石矶西畔问渔船。

桃花尽日随流水，洞在清溪何处边。

《山行留客》

山光物态弄春晖，莫为轻阴便拟归。

纵使晴明无雨色，入云深处亦沾衣。

🍃 郑燮

郑燮（1693—1766），字克柔，号理庵，又号板桥，人称板桥先生，江苏兴化人，祖籍苏州。清代书画家、文学家。

郑板桥擅画兰、竹、石、松、菊等，画兰、竹五十余年，成就最为突出。取法于徐渭、石涛、八大诸人，而自成家法，体貌疏朗，风格劲峭。工书法，用汉八分杂入楷行草，自称六分半书。代表作品有《修竹新篁图》《清光留照图》《兰竹芳馨图》《甘谷菊泉图》《丛兰荆棘图》等，著有《郑板桥集》。

书法作品名句

雪霁清境，发于梦想。此间但有荒山大江，修竹古木。每饮村酒醉后，曳杖放脚。忘路之远近，亦旷然天真。与武陵旧游未易议优劣也。

今日霁色，尤可喜。食已，当取蕣庆观乳泉泼建溪之精者，念非公莫与共之。然早来市无肉，当相与啖菜饭耳，不嫌，可只今相过。昔人以海黛为纸，而今无有。今人以茧为纸，亦古所无有也。

移花得蝶，买石饶云。

山随画活，云为诗留。

妙墨旋疑漏，雄才欲唾珠。

墨兰数枝宣德纸，苦茗一杯成化窑。

操存正固称完璞，陶铸含弘若浑金。

赵孟頫

　　赵孟頫（1254—1322），字子昂，号松雪道人，又号水晶宫道人（一说水精宫道人）、鸥波，中年曾署孟俯，吴兴（今浙江湖州）人，南宋晚期至元朝初期官员、书法家、画家、诗人。

　　赵孟頫博学多才，能诗善文，通经济之学，工书法，精绘艺，擅金石，通律吕，解鉴赏，尤其以书法和绘画的成就最高。在绘画上，他开创元代新画风，被称为"元人冠冕"；赵孟頫亦善篆、隶、真、行、草书，尤以楷、行书著称于世。其书风遒媚、秀逸，结体严整、笔法圆熟，创"赵体"书，与欧阳询、颜真卿、柳公权并称"楷书四大家"。

书法作品名句

炼得身形似鹤形，

千株松下两函经。

我来问道无余事，

云在青天水在瓶。

一场闹事作空春，蝴蝶高飞亦弃贫。

无力当风争上下，有魂诉帝乞慈仁。

虚宣醉白嘲妃子，可惜荒襄送女神。

不管闲愁刚有个，日高中酒背眠人。

康有为书法

康有为（1858—1927），原名祖诒，字广厦，号长素，又号更生、更甡，别署西樵山人、天游化人，广东南海（今广州）人，人称康南海，中国晚清到民国时期重要的政治家、思想家、教育家、书法家、书学理论家。他的书体被称为"康体"，极具浓郁的魏碑书法风格，对清末书风影响颇深。

书法作品名句

江河淮海，天之奥府。众利所聚，可以富有，君子是保。

海为水王，聪圣且明。百流归德，无有叛逆，常饶优足。

晚来扶杖看烟鬟，日落柴门夜不关。

岚荡茶园横半岭，云穿松径过前山。
花畦曲曲行三匝，竹径深深露一斑。
试打秋千更神往，已看明月落人间。。

湾京旧霸统，气象比巴黎。
宫馆皆严丽，林涂尽广齐。
柏灵嗟幼稚，伦敦狭模规。
感慨邯郸市，今朝落泰西。

书法常用诗句

《题东林书院》——明·顾宪成

风声雨声读书声，声声入耳。
家事国事天下事，事事关心。

《题镇纸铜尺》——清·蒲松龄

有志者，事竟成，破釜沉舟，百二秦关终属楚。
苦心人，天不负，卧薪尝胆，三千越甲可吞吴。

《为西泠印社题》——清·吴昌硕

印讵无原，读书坐风雨晦明，数布衣曾开浙派。
社何敢长，识字汉鼎彝瓴甓，一耕夫来自田间。

《静夜思》——唐·李白

床前明月光，疑是地上霜。

举头望明月，低头思故乡。

《咏柳》——唐·贺知章

碧玉妆成一树高，万条垂下绿丝绦。
不知细叶谁裁出？二月春风似剪刀。

《登鹳雀楼》——唐·王之涣

白日依山尽，黄河入海流。
欲穷千里目，更上一层楼。

《凉州词》——唐·王之涣

黄河远上白云间，一片孤城万仞山。
羌笛何须怨杨柳，春风不度玉门关。

《春晓》——唐·孟浩然

春眠不觉晓，处处闻啼鸟。
夜来风雨声，花落知多少？

《出塞》——唐·王昌龄

秦时明月汉时关，万里长征人未还。
但使龙城飞将在，不教胡马度阴山。

《鹿柴》——唐·王维

空山不见人，但闻人语响。
返景入深林，复照青苔上。

《送元二使安西》——唐·王维

渭城朝雨浥轻尘，客舍青青柳色新。

劝君更尽一杯酒，西出阳关无故人。

🪷 《九月九日忆山东兄弟》——唐·王维

独在异乡为异客，每逢佳节倍思亲。
遥知兄弟登高处，遍插茱萸少一人。

🪷 《望庐山瀑布》——唐·李白

日照香炉生紫烟，遥看瀑布挂前川。
飞流直下三千尺，疑是银河落九天。

🪷 《赠汪伦》——唐·李白

李白乘舟将欲行，忽闻岸上踏歌声。
桃花潭水深千尺，不及汪伦送我情。

《送孟浩然之广陵》——唐·李白

故人西辞黄鹤楼，烟花三月下扬州。
孤帆远影碧空尽，惟见长江天际流。

《早发白帝城》——唐·李白

朝辞白帝彩云间，千里江陵一日还。
两岸猿声啼不住，轻舟已过万重山。

《望天门山》——唐·李白

天门中断楚江开，碧水东流至此回。
两岸青山相对出，孤帆一片日边来。

《绝句》——唐·杜甫

两个黄鹂鸣翠柳，一行白鹭上青天。

窗含西岭千秋雪，门泊东吴万里船。

《春夜喜雨》——唐·杜甫

好雨知时节，当春乃发生。
随风潜入夜，润物细无声。
野径云俱黑，江船火独明。
晓看红湿处，花重锦官城。

《枫桥夜泊》——唐·张继

月落乌啼霜满天，江枫渔火对愁眠。
姑苏城外寒山寺，夜半钟声到客船。

《江雪》——唐·柳宗元

千山鸟飞绝，万径人踪灭。
孤舟蓑笠翁，独钓寒江雪。

《游子吟》——唐·孟郊

慈母手中线，游子身上衣。

临行密密缝，意恐迟迟归。

谁言寸草心，报得三春晖。

《赋得古原草送别》——唐·白居易

离离原上草，一岁一枯荣。

野火烧不尽，春风吹又生。

远芳侵古道，晴翠接荒城。

又送王孙去，萋萋满别情。

《小池》——宋·杨万里

泉眼无声惜细流，树阴照水爱晴柔。

小荷才露尖尖角，早有蜻蜓立上头。

《和张仆射塞下曲》——唐·卢纶

林暗草惊风，将军夜引弓。
平明寻白羽，没在石棱中。

《寻隐者不遇》——唐·贾岛

松下问童子，言师采药去。
只在此山中，云深不知处。

《清明》——唐·杜牧

清明时节雨纷纷，路上行人欲断魂。
借问酒家何处有？牧童遥指杏花村。

《题西林壁》——宋·苏轼

横看成岭侧成峰，远近高低各不同。

不识庐山真面目，只缘身在此山中。

《山行》——唐·杜牧

远上寒山石径斜，白云生处有人家。
停车坐爱枫林晚，霜叶红于二月花。

《题临安邸》——宋·林升

山外青山楼外楼，西湖歌舞几时休？
暖风熏得游人醉，直把杭州作汴州。

《洛阳陌》—唐·李白

白玉谁家郎，回车渡天津。
看花东陌上，惊动洛阳人。

《春思》——唐·李白

燕草如碧丝，秦桑低绿枝。

当君怀归日，是妾断肠时。

春风不相识，何事入罗帏。

《游园不值》——宋·叶绍翁

应怜屐齿印苍苔，小扣柴扉久不开。

春色满园关不住，一枝红杏出墙来。

《浪淘沙》——唐·刘禹锡

九曲黄河万里沙，浪淘风簸自天涯。

如今直上银河去，同到牵牛织女家。

《六月二十七日望湖楼醉书》——宋·苏轼

黑云翻墨未遮山，白雨跳珠乱入船。

卷地风来忽吹散，望湖楼下水如天。

《望洞庭》——唐·刘禹锡

湖光秋月两相和，潭面无风镜未磨。
遥望洞庭山水翠，白银盘里一青螺。

《晓出净慈寺送林子方》——宋·杨万里

毕竟西湖六月中，风光不与四时同。
接天莲叶无穷碧，映日荷花别样红。

《秋夜将晓出篱门迎凉有感》——宋·陆游

三万里河东入海，五千仞岳上摩天。
遗民泪尽胡尘里，南望王师又一年。

《小儿垂钓》——唐·胡令能

蓬头稚子学垂纶，侧坐莓苔草映身。
路人借问遥招手，怕得鱼惊不应人。

《四时田园杂兴》——宋·范成大

昼出耘田夜绩麻，村庄儿女各当家。
童孙未解供耕织，也傍桑阴学种瓜。

《竹石》——清·郑燮

咬定青山不放松，立根原在破岩中。
千磨万击还坚劲，任尔东西南北风。

《独坐敬亭山》——唐·李白

众鸟高飞尽，孤云独去闲。

相看两不厌，只有敬亭山。

《寒食》——唐·韩翃

春城无处不飞花，寒食东风御柳斜。
日暮汉宫传蜡烛，轻烟散入五侯家。

《春日》——宋·朱熹

胜日寻芳泗水滨，无边光景一时新。
等闲识得东风面，万紫千红总是春。

《夏日绝句》——宋·李清照

生当作人杰，死亦为鬼雄。
至今思项羽，不肯过江东。

《登乐游原》——唐·李商隐

向晚意不适，驱车登古原。
夕阳无限好，只是近黄昏。

《竹枝词》——唐·刘禹锡

杨柳青青江水平，闻郎江上踏歌声。
东边日出西边雨，道是无晴却有晴。

《江畔独步寻花》——唐·杜甫

黄四娘家花满蹊，千朵万朵压枝低。
留连戏蝶时时舞，自在娇莺恰恰啼。

《渔歌子》——唐·张志和

西塞山前白鹭飞，桃花流水鳜鱼肥。

青箬笠，绿蓑衣，斜风细雨不须归。

《长歌行》——汉乐府

青青园中葵，朝露待日晞。

阳春布德泽，万物生光辉。

常恐秋节至，焜黄华叶衰。

百川东到海，何时复西归？

少壮不努力，老大徒伤悲！

《山居秋暝》——唐·王维

空山新雨后，天气晚来秋。

明月松间照，清泉石上流。

竹喧归浣女，莲动下渔舟。

随意春芳歇，王孙自可留。

🍃《使至塞上》——唐·王维

单车欲问边，属国过居延。

征蓬出汉塞，归雁入胡天。

大漠孤烟直，长河落日圆。

萧关逢候骑，都护在燕然。

🍃《望岳》——唐·杜甫

岱宗夫如何？齐鲁青未了。

造化钟神秀，阴阳割昏晓。

荡胸生曾云，决眦入归鸟。

会当凌绝顶，一览众山小。

🍃《送友人》——唐·李白

青山横北郭，白水绕东城。

此地一为别，孤蓬万里征。

浮云游子意，落日故人情。

挥手自兹去，萧萧班马鸣。

《送杜少府之任蜀州》——唐·王勃

城阙辅三秦，风烟望五津。

与君离别意，同是宦游人。

海内存知己，天涯若比邻。

无为在歧路，儿女共沾巾。

《望月怀远》——唐·张九龄

海上生明月，天涯共此时。

情人怨遥夜，竟夕起相思。

灭烛怜光满，披衣觉露滋。

不堪盈手赠，还寝梦佳期。

《渡荆门送别》——唐·李白

渡远荆门外，来从楚国游。

山随平野尽，江入大荒流。

月下飞天镜，云生结海楼。

仍怜故乡水，万里送行舟。

《旅夜书怀》——唐·杜甫

细草微风岸，危樯独夜舟。

星垂平野阔，月涌大江流。

名岂文章著，官应老病休。

飘飘何所似，天地一沙鸥。

《登高》——唐·杜甫

风急天高猿啸哀，渚清沙白鸟飞回。

无边落木萧萧下，不尽长江滚滚来。

万里悲秋常作客，百年多病独登台。

艰难苦恨繁霜鬓，潦倒新停浊酒杯。

《蜀相》——唐·杜甫

丞相祠堂何处寻？锦官城外柏森森。

映阶碧草自春色，隔叶黄鹂空好音。

三顾频烦天下计，两朝开济老臣心。

出师未捷身先死，长使英雄泪满襟！

《闻官军收河南河北》——唐·杜甫

剑外忽传收蓟北，初闻涕泪满衣裳。

却看妻子愁何在？漫卷诗书喜欲狂。

白日放歌须纵酒，青春作伴好还乡。

即从巴峡穿巫峡，便下襄阳向洛阳。

《登金陵凤凰台》——唐·李白

凤凰台上凤凰游，凤去台空江自流。
吴宫花草埋幽径，晋代衣冠成古丘。
三山半落青天外，二水中分白鹭洲。
总为浮云能蔽日，长安不见使人愁。

《安定城楼》——唐·李商隐

迢递高城百尺楼，绿杨枝外尽汀洲。
贾生年少虚垂涕，王粲春来更远游。
永忆江湖归白发，欲回天地入扁舟。
不知腐鼠成滋味，猜意鹓雏竟未休。

《二月二日出郊》——宋·王庭珪

日头欲出未出时，雾失江城雨脚微。
天忽作晴山卷幔，云犹含态石披衣。

烟村南北黄鹂语，麦垄高低紫燕飞。

谁似田家知此乐，呼儿吹笛跨牛归？

《江南逢李龟年》——唐·杜甫

岐王宅里寻常见，崔九堂前几度闻。

正是江南好风景，落花时节又逢君。

《无题》——唐·李商隐

昨夜星辰昨夜风，画楼西畔桂堂东。

身无彩凤双飞翼，心有灵犀一点通。

隔座送钩春酒暖，分曹射覆蜡灯红。

嗟余听鼓应官去，走马兰台类转蓬。

《上元戏呈贡父》——宋·王安石

车马纷纷白昼同，万家灯火暖春风。

别开阊阖壶天外，特起蓬莱陆海中。

尽取繁华供侠少，只分牢落与衰翁。

不知太一游何处，定把青藜独照公。

《书湖阴先生壁》——宋·王安石

茅檐长扫净无苔，花木成畦手自栽。

一水护田将绿绕，两山排闼送青来。

《泊秦淮》——唐·杜牧

烟笼寒水月笼沙，夜泊秦淮近酒家。

商女不知亡国恨，隔江犹唱《后庭花》。

《终南别业》——唐·王维

中岁颇好道，晚家南山陲。

兴来每独往，胜事空自知。

行到水穷处，坐看云起时。

偶然值林叟，谈笑无还期。

《过故人庄》——唐·孟浩然

故人具鸡黍，邀我至田家。

绿树村边合，青山郭外斜。

开轩面场圃，把酒话桑麻。

待到重阳日，还来就菊花。

《破山寺后禅院》——唐·常建

清晨入古寺，初日照高林。

曲径通幽处，禅房花木深。

山光悦鸟性，潭影空人心。

万籁此都寂，但余钟磬音。

《游山西村》——宋·陆游

莫笑农家腊酒浑，丰年留客足鸡豚。
山重水复疑无路，柳暗花明又一村。
箫鼓追随春社近，衣冠简朴古风存。
从今若许闲乘月，拄杖无时夜叩门。

《暮江吟》——唐·白居易

一道残阳铺水中，半江瑟瑟半江红。
可怜九月初三夜，露似真珠月似弓。

《雪梅》——宋·卢钺

梅雪争春未肯降，骚人阁笔费评章。
梅须逊雪三分白，雪却输梅一段香。

《惠崇春江晚景》——宋·苏轼

竹外桃花三两枝，春江水暖鸭先知。
蒌蒿满地芦芽短，正是河豚欲上时。

《三衢道中》——宋·曾几

梅子黄时日日晴，小溪泛尽却山行。
绿阴不减来时路，添得黄鹂四五声。

《梅花》——宋·王安石

墙角数枝梅，凌寒独自开。
遥知不是雪，为有暗香来。

《回乡偶书（其一）》——唐·贺知章

少小离家老大回，乡音无改鬓毛衰。

儿童相见不相识，笑问客从何处来。

《回乡偶书（其二）》——唐·贺知章

离别家乡岁月多，近来人事半消磨。
惟有门前镜湖水，春风不改旧时波。

《夜宿山寺》——唐·李白

危楼高百尺，手可摘星辰。
不敢高声语，恐惊天上人。

《敕勒歌》——北朝民歌

敕勒川，阴山下，天似穹庐，笼盖四野。
天苍苍，野茫茫，风吹草低见牛羊。

《赠刘景文》——宋·苏轼

荷尽已无擎雨盖，菊残犹有傲霜枝。
一年好景君须记，最是橙黄橘绿时。

《村居》——清·高鼎

草长莺飞二月天，拂堤杨柳醉春烟。
儿童散学归来早，忙趁东风放纸鸢。

《池上》——唐·白居易

小娃撑小艇，偷采白莲回。
不解藏踪迹，浮萍一道开。

《所见》——清·袁枚

牧童骑黄牛，歌声振林樾。

意欲捕鸣蝉，忽然闭口立。

《画鸡》——明·唐寅

头上红冠不用裁，满身雪白走将来。
平生不敢轻言语，一叫千门万户开。

《夜雨寄北》——唐·李商隐

君问归期未有期，巴山夜雨涨秋池。
何当共剪西窗烛，却话巴山夜雨时。

《钱塘湖春行》——唐·白居易

孤山寺北贾亭西，水面初平云脚低。
几处早莺争暖树，谁家新燕啄春泥。
乱花渐欲迷人眼，浅草才能没马蹄。
最爱湖东行不足，绿杨阴里白沙堤。

🍃 《观书有感》——宋·朱熹

半亩方塘一鉴开，天光云影共徘徊。

问渠那得清如许？为有源头活水来。

🍃 《浣溪沙》——宋·晏殊

一曲新词酒一杯，去年天气旧亭台。夕阳西下几时回？

无可奈何花落去，似曾相识燕归来。小园香径独徘徊。

🍃 《观沧海》——东汉·曹操

东临碣石，以观沧海。

水何澹澹，山岛竦峙。

树木丛生，百草丰茂。

秋风萧瑟，洪波涌起。

日月之行，若出其中；

星汉灿烂，若出其里。

幸甚至哉，歌以咏志。

《龟虽寿》——东汉·曹操

神龟虽寿，犹有竟时；

腾蛇乘雾，终为土灰。

老骥伏枥，志在千里；

烈士暮年，壮心不已。

盈缩之期，不但在天；

养怡之福，可得永年。

幸甚至哉，歌以咏志。

《闻王昌龄左迁龙标遥有此寄》——唐·李白

杨花落尽子规啼，闻道龙标过五溪。

我寄愁心与明月，随君直到夜郎西。

《次北固山下》——唐·王湾

客路青山下，行舟绿水前。
潮平两岸阔，风正一帆悬。
海日生残夜，江春入旧年。
乡书何处达，归雁洛阳边。

《峨眉山月歌》——唐·李白

峨眉山月半轮秋，影入平羌江水流。
夜发清溪向三峡，思君不见下渝州。

《逢入京使》——唐·岑参

故园东望路漫漫，双袖龙钟泪不干。
马上相逢无纸笔，凭君传语报平安。

《送灵澈》——唐·刘长卿

苍苍竹林寺，杳杳钟声晚。
荷笠带斜阳，青山独归远。

《山中杂诗》——南朝梁·吴均

山际见来烟，竹中窥落日。
鸟向檐上飞，云从窗里出。

《论诗五首（其二）》——清·赵翼

李杜诗篇万口传，至今已觉不新鲜。
江山代有才人出，各领风骚数百年。

《晚春》——唐·韩愈

草树知春不久归，百般红紫斗芳菲。

杨花榆荚无才思，惟解漫天作雪飞。

《贾生》——唐·李商隐

宣室求贤访逐臣，贾生才调更无伦。
可怜夜半虚前席，不问苍生问鬼神。

《夜上受降城闻笛》——唐·李益

回乐烽前沙似雪，受降城外月如霜。
不知何处吹芦管，一夜征人尽望乡。

《过松源晨炊漆公店》——宋·杨万里

莫言下岭便无难，赚得行人错喜欢。
政入万山围子里，一山放出一山拦。

《无题》——唐·李商隐

相见时难别亦难，东风无力百花残。
春蚕到死丝方尽，蜡炬成灰泪始干。
晓镜但愁云鬓改，夜吟应觉月光寒。
蓬山此去无多路，青鸟殷勤为探看。

《早春呈水部张十八员外》——唐·韩愈

天街小雨润如酥，草色遥看近却无。
最是一年春好处，绝胜烟柳满皇都。

《过零丁洋》——宋·文天祥

辛苦遭逢起一经，干戈寥落四周星。
山河破碎风飘絮，身世浮沉雨打萍。
惶恐滩头说惶恐，零丁洋里叹零丁。
人生自古谁无死？留取丹心照汗青。

《白雪歌送武判官归京》——唐·岑参

北风卷地白草折，胡天八月即飞雪。

忽如一夜春风来，千树万树梨花开。

散入珠帘湿罗幕，狐裘不暖锦衾薄。

将军角弓不得控，都护铁衣冷犹着。

瀚海阑干百丈冰，愁云惨淡万里凝。

中军置酒饮归客，胡琴琵琶与羌笛。

纷纷暮雪下辕门，风掣红旗冻不翻。

轮台东门送君去，去时雪满天山路。

山回路转不见君，雪上空留马行处。

《饮酒》——东晋·陶渊明

结庐在人境，而无车马喧。

问君何能尔？心远地自偏。

采菊东篱下，悠然见南山。

山气日夕佳，飞鸟相与还。
此中有真意，欲辨已忘言。

《酬乐天扬州初逢席上见赠》——唐·刘禹锡

巴山楚水凄凉地，二十三年弃置身。
怀旧空吟闻笛赋，到乡翻似烂柯人。
沉舟侧畔千帆过，病树前头万木春。
今日听君歌一曲，暂凭杯酒长精神。

《登飞来峰》——宋·王安石

飞来山上千寻塔，闻说鸡鸣见日升。
不畏浮云遮望眼，自缘身在最高层。

《十一月四日风雨大作》——宋·陆游

僵卧孤村不自哀，尚思为国戍轮台。

夜阑卧听风吹雨，铁马冰河入梦来。

《登幽州台歌》——唐·陈子昂

前不见古人，后不见来者。
念天地之悠悠，独怆然而涕下！

《归园田居》——东晋·陶渊明

种豆南山下，草盛豆苗稀。
晨兴理荒秽，带月荷锄归。
道狭草木长，夕露沾我衣。
衣沾不足惜，但使愿无违。

《武陵春》——宋·李清照

风住尘香花已尽，日晚倦梳头。
物是人非事事休，欲语泪先流。

闻说双溪春尚好，也拟泛轻舟。

只恐双溪舴艋舟，载不动许多愁。

《月夜忆舍弟》——唐·杜甫

戍鼓断人行，边秋一雁声。

露从今夜白，月是故乡明。

有弟皆分散，无家问死生。

寄书长不达，况乃未休兵。

《夜月》——唐·刘方平

更深月色半人家，北斗阑干南斗斜。

今夜偏知春气暖，虫声新透绿窗纱。

《观刈麦》——唐·白居易

田家少闲月，五月人倍忙。

夜来南风起，小麦覆陇黄。

妇姑荷箪食，童稚携壶浆，

相随饷田去，丁壮在南冈。

足蒸暑土气，背灼炎天光，

力尽不知热，但惜夏日长。

复有贫妇人，抱子在其旁，

右手秉遗穗，左臂悬敝筐。

听其相顾言，闻者为悲伤。

家田输税尽，拾此充饥肠。

今我何功德，曾不事农桑。

吏禄三百石，岁晏有余粮。

念此私自愧，尽日不能忘。

《商山早行》——唐·温庭筠

晨起动征铎，客行悲故乡。

鸡声茅店月，人迹板桥霜。

槲叶落山路，枳花明驿墙。
因思杜陵梦，凫雁满回塘。

《鸟鸣涧》——唐·王维

人闲桂花落，夜静春山空。
月出惊山鸟，时鸣春涧中。

《江南曲》（节选）——唐·储光羲

日暮长江里，相邀归渡头。
落花如有意，来去逐船流。

《感兴》——唐·郑谷

禾黍不阳艳，竞栽桃李春。
翻令力耕者，半作卖花人。

《枕石》——明·高攀龙

心同流水净，身与白云轻。

寂寂深山暮，微闻钟磬声。

《遗爱寺》——唐·白居易

弄石临溪坐，寻花绕寺行。

时时闻鸟语，处处是泉声。

《即事》——唐·司空图

宿雨川原霁，凭高景物新。

陂痕侵牧马，云影带耕人。

《江行无题》——唐·钱起

霁云疏有叶，雨浪细无花。

稳放扁舟去，江天自有涯。

《泊船瓜洲》——宋·王安石

京口瓜洲一水间，钟山只隔数重山。
春风又绿江南岸，明月何时照我还？

《竹里馆》——唐·王维

独坐幽篁里，弹琴复长啸。
深林人不知，明月来相照。

《早春野望》——唐·王勃

江旷春潮白，山长晓岫青。
他乡临眺极，花柳映边亭。

《山中》——唐·王勃

长江悲已滞，万里念将归。
况属高风晚，山山黄叶飞。

《白石滩》——唐·王维

清浅白石滩，绿蒲向堪把。
家住水东西，浣纱明月下。

《华子冈》——唐·裴迪

日落松风起，还家草露晞。
云光侵履迹，山翠拂人衣。

《宿建德江》——唐·孟浩然

移舟泊烟渚，日暮客愁新。

野旷天低树，江清月近人。

《山行》——清·施闰章

野寺分晴树，山亭过晚霞。
春深无客到，一路落松花。

《柳桥晚眺》——宋·陆游

小浦闻鱼跃，横林待鹤归。
闲云不成雨，故傍碧山飞。

《绝句（其一）》——唐·杜甫

迟日江山丽，春风花草香。
泥融飞燕子，沙暖睡鸳鸯。

🍃《绝句（其二）》——唐·杜甫

江碧鸟逾白，山青花欲燃。

今春看又过，何日是归年？

🍃《秋日湖上》——唐·薛莹

落日五湖游，烟波处处愁。

浮沉千古事，谁与问东流。

🍃《辛夷坞》——唐·王维

木末芙蓉花，山中发红萼。

涧户寂无人，纷纷开且落。

🍃《晚春江晴寄友人》——唐·韩琮

晚日低霞绮，晴山远画眉。

春青河畔草，不是望乡时。

《秋风引》——唐·刘禹锡

何处秋风至？萧萧送雁群。
朝来入庭树，孤客最先闻。

《杂诗》——唐·王维

君自故乡来，应知故乡事。
来日绮窗前，寒梅著花未？

《风》——唐·李峤

解落三秋叶，能开二月花。
过江千尺浪，入竹万竿斜。

《送崔九》——唐·裴迪

归山深浅去，须尽丘壑美。

莫学武陵人，暂游桃源里。

《左掖梨花》——唐·丘为

冷艳全欺雪，余香乍入衣。

春风且莫定，吹向玉阶飞。

《马诗》——唐·李贺

大漠沙如雪，燕山月似钩。

何当金络脑，快走踏清秋。

《芗林五十咏·竹斋》——宋·杨万里

凛凛冰霜节，修修玉雪身。

便无文与可，不有月傅神。

《送别》——唐·王之涣

杨柳东风树，青青夹御河。

近来攀折苦，应为别离多。

《送郭司仓》——唐·王昌龄

映门淮水绿，留骑主人心。

明月随良掾，春潮夜夜深。

《秋夜寄丘二十二员外》——唐·韦应物

怀君属秋夜，散步咏凉天。

空山松子落，幽人应未眠。

🍃 《问刘十九》——唐·白居易

绿蚁新醅酒，红泥小火炉。
晚来天欲雪，能饮一杯无？

🍃 《相思》——唐·王维

红豆生南国，春来发几枝。
愿君多采撷，此物最相思。

🍃 《怨情》——唐·李白

美人卷珠帘，深坐颦蛾眉。
但见泪痕湿，不知心恨谁。

🍃 《江上》——宋·王安石

江水漾西风，江花脱晚红。

离情被横笛，吹过乱山东。

《终南望余雪》——唐·祖咏

终南阴岭秀，积雪浮云端。
林表明霁色，城中增暮寒。

《碧涧驿晓思》——唐·温庭筠

香灯伴残梦，楚国在天涯。
月落子规歇，满庭山杏花。

《春怨》——唐·金昌绪

打起黄莺儿，莫教枝上啼。
啼时惊妾梦，不得到辽西。

《逢雪宿芙蓉山主人》——唐·刘长卿

日暮苍山远，天寒白屋贫。
柴门闻犬吠，风雪夜归人。

《赠李白》——唐·杜甫

秋来相顾尚飘蓬，未就丹砂愧葛洪。
痛饮狂歌空度日，飞扬跋扈为谁雄。

《玉阶怨》——唐·李白

玉阶生白露，夜久侵罗袜。
却下水精帘，玲珑望秋月。

《天涯》——唐·李商隐

春日在天涯，天涯日又斜。

莺啼如有泪，为湿最高花。

《行宫》——唐·元稹

寥落古行宫，宫花寂寞红。

白头宫女在，闲坐说玄宗。

《秋浦歌》——唐·李白

白发三千丈，缘愁似个长。

不知明镜里，何处得秋霜。

《江上渔者》——宋·范仲淹

江上往来人，但爱鲈鱼美。

君看一叶舟，出没风波里。

《寄内》——宋·孔平仲

试说途中景，方知别后心。
行人日暮少，风雪乱山深。

《离思五首（其四）》——唐·元稹

曾经沧海难为水，除却巫山不是云。
取次花丛懒回顾，半缘修道半缘君。

《重阳席上赋白菊》——唐·白居易

满园花菊郁金黄，中有孤丛色似霜。
还似今朝歌酒席，白头翁入少年场。

🌸 《赏牡丹》——唐·刘禹锡

庭前芍药妖无格，池上芙蕖净少情。
唯有牡丹真国色，花开时节动京城。

🌸 《红牡丹》——唐·王维

绿艳闲且静，红衣浅复深。
花心愁欲断，春色岂知心。

🌸 《月下独酌》——唐·李白

花间一壶酒，独酌无相亲。
举杯邀明月，对影成三人。
月既不解饮，影徒随我身。
暂伴月将影，行乐须及春。
我歌月徘徊，我舞影零乱。
醒时同交欢，醉后各分散。

永结无情游，相期邈云汉。

《遣怀》——唐·杜牧

落魄江湖载酒行，楚腰纤细掌中轻。
十年一觉扬州梦，赢得青楼薄幸名。

《芙蓉楼送辛渐》——唐·王昌龄

寒雨连江夜入吴，平明送客楚山孤。
洛阳亲友如相问，一片冰心在玉壶。

《送别》——唐·王维

下马饮君酒，问君何所之？
君言不得意，归卧南山陲。
但去莫复问，白云无尽时。

🍃 《月夜》——唐·杜甫

今夜鄜州月，闺中只独看。

遥怜小儿女，未解忆长安。

香雾云鬟湿，清辉玉臂寒。

何时倚虚幌，双照泪痕干。

🍃 《早寒有怀》——唐·孟浩然

木落雁南度，北风江上寒。

我家襄水曲，遥隔楚云端。

乡泪客中尽，孤帆天际看。

迷津欲有问，平海夕漫漫。

🍃 《溪居》——唐·柳宗元

久为簪组累，幸此南夷谪。

闲依农圃邻，偶似山林客。

晓耕翻露草，夜榜响溪石。

来往不逢人，长歌楚天碧。

《乌衣巷》——唐·刘禹锡

朱雀桥边野草花，乌衣巷口夕阳斜。

旧时王谢堂前燕，飞入寻常百姓家。

《滁州西涧》——唐·韦应物

独怜幽草涧边生，上有黄鹂深树鸣。

春潮带雨晚来急，野渡无人舟自横。

《新婚别》——唐·杜甫

兔丝附蓬麻，引蔓故不长。

嫁女与征夫，不如弃路旁。

结发为君妻，席不暖君床。

暮婚晨告别，无乃太匆忙。

君行虽不远，守边赴河阳。

妾身未分明，何以拜姑嫜？

父母养我时，日夜令我藏。

生女有所归，鸡狗亦得将。

君今往死地，沈痛迫中肠。

誓欲随君去，形势反苍黄。

勿为新婚念，努力事戎行。

妇人在军中，兵气恐不扬。

自嗟贫家女，久致罗襦裳。

罗襦不复施，对君洗红妆。

仰视百鸟飞，大小必双翔。

人事多错迕，与君永相望。

《石壕吏》——唐·杜甫

暮投石壕村，有吏夜捉人。老翁逾墙走，老妇出门看。

吏呼一何怒！妇啼一何苦！

听妇前致词：三男邺城戍。一男附书至，二男新战死。存者且偷生，死者长已矣！室中更无人，惟有乳下孙。有孙母未去，出入无完裙。老妪力虽衰，请从吏夜归，急应河阳役，犹得备晨炊。

夜久语声绝，如闻泣幽咽。天明登前途，独与老翁别。

《长干行》——唐·李白

妾发初覆额，折花门前剧。

郎骑竹马来，绕床弄青梅。

同居长干里，两小无嫌猜，

十四为君妇，羞颜未尝开。

低头向暗壁，千唤不一回。

十五始展眉，愿同尘与灰。

常存抱柱信，岂上望夫台。

十六君远行，瞿塘滟滪堆。

五月不可触，猿声天上哀。

门前迟行迹，一一生绿苔。

苔深不能扫，落叶秋风早。

八月蝴蝶来，双飞西园草。

感此伤妾心，坐愁红颜老。

早晚下三巴，预将书报家。

相迎不道远，直至长风沙。

《茅屋为秋风所破歌》——唐·杜甫

八月秋高风怒号，卷我屋上三重茅。茅飞渡江洒江郊，高者挂罥长林梢，下者飘转沉塘坳。

南村群童欺我老无力，忍能对面为盗贼。公然抱茅入竹去，唇焦口燥呼不得，归来倚杖自叹息。

俄顷风定云墨色，秋天漠漠向昏黑。布衾多年冷似铁，娇儿恶卧踏里裂。床头屋漏无干处，雨脚如麻未断绝。自经丧乱少睡眠，长夜沾湿何由彻!

安得广厦千万间，大庇天下寒士俱欢颜!风雨不动安如山。呜呼! 何时眼前突兀见此屋，吾庐独破受冻死亦足!

《诗经》名篇

关 雎

关关雎鸠，在河之洲。

窈窕淑女，君子好逑。

参差荇菜，左右流之。

窈窕淑女，寤寐求之。

求之不得，寤寐思服。

悠哉悠哉，辗转反侧。

参差荇菜，左右采之。

窈窕淑女，琴瑟友之。

参差荇菜，左右芼之。

窈窕淑女，钟鼓乐之。

葛 覃

葛之覃兮，施于中谷，维叶萋萋。黄鸟于
飞，集于灌木，其鸣喈喈。

葛之覃兮，施于中谷，维叶莫莫。是刈是

濩，为绨为绤，服之无斁。

言告师氏，言告言归。薄污我私，薄澣我衣。害澣害否，归宁父母。

卷 耳

采采卷耳，不盈顷筐。嗟我怀人，寘彼周行。

陟彼崔嵬，我马虺隤。我姑酌彼金罍，维以不永怀。

陟彼高冈，我马玄黄。我姑酌彼兕觥，维以不永伤。

陟彼砠矣，我马瘏矣，我仆痡矣，云何吁矣！

鹊 巢

维鹊有巢，维鸠居之。之子于归，百两御之。

维鹊有巢，维鸠方之。之子于归，百两将之。

维鹊有巢，维鸠盈之。之子于归，百两成之。

采蘩

于以采蘩？于沼于沚。于以用之？公侯之事。
于以采蘩？于涧之中。于以用之？公侯之宫。
被之僮僮，夙夜在公。被之祁祁，薄言还归。

草虫

喓喓草虫，趯趯阜螽。未见君子，忧心忡
忡。亦既见止，亦既觏止，我心则降。
　　陟彼南山，言采其蕨。未见君子，忧心惙
惙。亦既见止，亦既觏止，我心则说。
　　陟彼南山，言采其薇。未见君子，我心伤
悲。亦既见止，亦既觏止，我心则夷。

采蘋

于以采蘋？南涧之滨。于以采藻？于彼行潦。
于以盛之？维筐及筥。于以湘之？维锜及釜。

于以奠之？宗室牖下。谁其尸之？有齐季女。

甘　棠

蔽芾甘棠，勿翦勿伐，召伯所茇。
蔽芾甘棠，勿翦勿败，召伯所憩。
蔽芾甘棠，勿翦勿拜，召伯所说。

行　露

厌浥行露，岂不夙夜，谓行多露。
谁谓雀无角？何以穿我屋？谁谓女无家？
何以速我狱？虽速我狱，室家不足！
谁谓鼠无牙？何以穿我墉？谁谓女无家？
何以速我讼。虽速我讼，亦不女从！

羔 羊

羔羊之皮，素丝五纯。退食自公，委蛇委蛇。

羔羊之革，素丝五缄。委蛇委蛇，自公退食。

羔羊之缝，素丝五总。委蛇委蛇，退食自公。

殷其雷

殷其雷，在南山之阳。何斯违斯？莫敢或遑。振振君子，归哉归哉！

殷其雷，在南山之侧。何斯违斯？莫敢遑息。振振君子，归哉归哉！

殷其雷，在南山之下。何斯违斯？莫或遑处。振振君子，归哉归哉！

摽有梅

摽有梅，其实七兮。求我庶士，迨其吉兮。

摽有梅，其实三兮。求我庶士，迨其今兮。

摽有梅，顷筐墍之。求我庶士，迨其谓之。

小 星

　　嘒彼小星，三五在东。肃肃宵征，夙夜在
公，寔命不同！
　　嘒彼小星，维参与昴。肃肃宵征，抱衾与
裯，寔命不犹！

江有汜

江有汜，之子归。不我以，不我以，其后也悔。
江有渚，之子归。不我与，不我与，其后也处。
江有沱，之子归。不我过，不我过，其啸也歌。

野有死麕

野有死麕，白茅包之。有女怀春，吉士诱之。
林有朴樕，野有死鹿。白茅纯束，有女如玉。

舒而脱脱兮，无感我帨兮，无使尨也吠。

🍃 何彼襛矣

何彼襛矣？唐棣之华。曷不肃雍？王姬之车。
何彼襛矣？华如桃李。平王之孙，齐侯之子。
其钓维何？维丝伊缗。齐侯之子，平王之孙。

🍃 驺　虞

彼茁者葭，壹发五豝，于嗟乎驺虞！
彼茁者蓬，壹发五豵，于嗟乎驺虞！

🍃 柏　舟

汎彼柏舟，亦汎其流。耿耿不寐，如有隐
忧。微我无酒，以敖以游。
我心匪鉴，不可以茹。亦有兄弟，不可以
据。薄言往愬，逢彼之怒。

我心匪石，不可转也。我心匪席，不可卷也。威仪棣棣，不可选也。

忧心悄悄，愠于群小。觏闵既多，受侮不少。静言思之，寤辟有摽。

日居月诸，胡迭而微。心之忧矣，如匪澣衣。静言思之，不能奋飞。

🍃 绿 衣

绿兮衣兮，绿衣黄里。心之忧矣，曷维其已。
绿兮衣兮，绿衣黄裳。心之忧矣，曷维其亡。
绿兮丝兮，女所治兮。我思古人，俾无讹兮。
绤兮绤兮，凄其以风。我思古人，实获我心。

🍃 燕 燕

燕燕于飞，差池其羽。之子于归，远送于野。瞻望弗及，泣涕如雨。

燕燕于飞，颉之颃之。之子于归，远于将

之。瞻望弗及，伫立以泣。

燕燕于飞，下上其音。之子于归，远送于南。瞻望弗及，实劳我心。

仲氏任只，其心塞渊。终温且惠，淑慎其身。先君之思，以勖寡人。

🍃 日 月

日居月诸，照临下土。乃如之人兮，逝不古处。胡能有定，宁不我顾。

日居月诸，下土是冒。乃如之人兮，逝不相好。胡能有定？宁不我报。

日居月诸，出自东方。乃如之人兮，德音无良。胡能有定？俾也可忘。

日居月诸，东方自出。父兮母兮，畜我不卒。胡能有定？报我不述。

🍃 终 风

终风且暴，顾我则笑。谑浪笑敖，中心是悼。

终风且霾，惠然肯来。莫往莫来，悠悠我思。
终风且曀，不日有曀。寤言不寐，愿言则嚏。
曀曀其阴，虺虺其雷。寤言不寐，愿言则怀。

🌱 击 鼓

击鼓其镗，踊跃用兵。土国城漕，我独南行。
从孙子仲，平陈与宋。不我以归，忧心有忡。
爰居爰处？爰丧其马。于以求之，于林之下。
死生契阔，与子成说。执子之手，与子偕老。
于嗟阔兮，不我活兮。于嗟洵兮，不我信兮。

🌱 凯 风

凯风自南，吹彼棘心。棘心夭夭，母氏劬劳。
凯风自南，吹彼棘薪。母氏圣善，我无令人。
爰有寒泉，在浚之下。有子七人，母氏劳苦。
睍睆黄鸟，载好其音。有子七人，莫慰母心。

雄 雉

雄雉于飞，泄泄其羽。我之怀矣，自诒伊阻。
雄雉于飞，下上其音。展矣君子，实劳我心。
瞻彼日月，悠悠我思。道之云远，曷云能来。
百尔君子，不知德行。不忮不求，何用不臧。

匏有苦叶

匏有苦叶，济有深涉。深则厉，浅则揭。
有弥济盈，有鷕雉鸣。济盈不濡轨，雉鸣求其牡。
雝雝鸣雁，旭日始旦。士如归妻，迨冰未泮。
招招舟子，人涉卬否。人涉卬否，卬须我友。

式 微

式微式微，胡不归？
微君之故，胡为乎中露？

式微式微，胡不归？
微君之躬，胡为乎泥中？

旄 丘

旄丘之葛兮，何诞之节兮？叔兮伯兮，何多日也？
何其处也？必有与也。何其久也？必有以也。
狐裘蒙戎，匪车不东。叔兮伯兮，靡所与同。
琐兮尾兮，流离之子。叔兮伯兮，褎如充耳。

简 兮

简兮简兮，方将万舞。日之方中，在前上处。
硕人俣俣，公庭万舞。有力如虎，执辔如组。
左手执籥，右手秉翟。赫如渥赭，公言锡爵。
山有榛，隰有苓。云谁之思，西方美人。
彼美人兮，西方之人兮。

🍃 泉 水

毖彼泉水，亦流于淇。有怀于卫，靡日不思。娈彼诸姬，聊与之谋。

出宿于泲，饮饯于祢。女子有行，远父母兄弟，问我诸姑，遂及伯姊。

出宿于干，饮饯于言。载脂载辖，还车言迈。遄臻于卫，不瑕有害。

我思肥泉，兹之永叹。思须与漕，我心悠悠。驾言出游，以写我忧。

🍃 北 门

出自北门，忧心殷殷。终窭且贫，莫知我艰。已焉哉！天实为之，谓之何哉！

王事适我，政事一埤益我。我入自外，室人交徧谪我。已焉哉！天实为之，谓之何哉！

王事敦我，政事一埤遗我。我入自外，室人交徧摧我。已焉哉！天实为之，谓之何哉！

北 风

北风其凉，雨雪其雱。惠而好我，携手同行。其虚其邪，既亟只且。

北风其喈，雨雪其霏。惠而好我，携手同归。其虚其邪，既亟只且。

莫赤匪狐，莫黑匪乌。惠而好我，携手同车。其虚其邪，既亟只且。

静 女

静女其姝，俟我于城隅。爱而不见，搔首踟蹰。

静女其娈，贻我彤管。彤管有炜，说怿女美。

自牧归荑，洵美且异。匪女之为美，美人之贻。

新 台

新台有泚，河水弥弥。燕婉之求，籧篨不鲜。

新台有洒，河水浼浼。燕婉之求，籧篨不殄。

鱼网之设，鸿则离之。燕婉之求，得此戚施。

二子乘舟

二子乘舟，泛泛其景。愿言思子，中心养养。
二子乘舟，泛泛其逝。愿言思子，不瑕有害。

黍　离

彼黍离离，彼稷之苗。行迈靡靡，中心摇摇。知我者谓我心忧，不知我者谓我何求。悠悠苍天，此何人哉！

彼黍离离，彼稷之穗。行迈靡靡，中心如醉。知我者谓我心忧，不知我者谓我何求。悠悠苍天，此何人哉！

彼黍离离，彼稷之实。行迈靡靡，中心如噎。知我者谓我心忧，不知我者谓我何求。悠悠苍天，此何人哉！

君子于役

君子于役，不知其期。曷至哉？鸡栖于埘。日之夕矣，羊牛下来。君子于役，如之何勿思？

君子于役，不日不月。曷其有佸？鸡栖于桀。日之夕矣，羊牛下括。君子于役，苟无饥渴！

君子阳阳

君子阳阳，左执簧，右招我由房，其乐只且！
君子陶陶，左执翿，右招我由敖，其乐只且！

扬之水

扬之水，不流束薪。彼其之子，不与我戍申。怀哉怀哉，曷月予还归哉！

扬之水，不流束楚。彼其之子，不与我戍

甫。怀哉怀哉，曷月予还归哉！

扬之水，不流束蒲。彼其之子，不与我成许。怀哉怀哉，曷月予还归哉！

🌿 缁 衣

缁衣之宜兮，敝予又改为兮。适子之馆兮，还予授子之粲兮。

缁衣之好兮，敝予又改造兮。适子之馆兮，还予授子之粲兮。

缁衣之蓆兮，敝予又改作兮。适子之馆兮，还予授子之粲兮。

🌿 将仲子

将仲子兮，无踰我里，无折我树杞。岂敢爱之，畏我父母。仲可怀也，父母之言，亦可畏也。

将仲子兮，无踰我墙，无折我树桑。岂敢爱之，畏我诸兄。仲可怀也，诸兄之言，亦可畏也。

　　将仲子兮，无蹆我园，无折我树檀。岂敢爱之，畏人之多言。仲可怀也，人之多言，亦可畏也。

🌿 车　邻

　　有车邻邻，有马白颠。未见君子，寺人之令。

　　阪有漆，隰有栗。既见君子，并坐鼓瑟。今者不乐，逝者其耋。

　　阪有桑，隰有杨。既见君子，并坐鼓簧。今者不乐，逝者其亡。

🌿 驷　骥

驷骥孔阜，六辔在手。公之媚子，从公于狩。
奉时辰牡，辰牡孔硕。公曰左之，舍拔则获。
游于北园，四马既闲。辖车鸾镳，载猃歇骄。

🍃 小　戎

　　小戎俴收，五楘梁辀。游环胁驱，阴靷鋈续。文茵畅毂，驾我骐馵。言念君子，温其如玉。在其板屋，乱我心曲。

　　四牡孔阜，六辔在手。骐駵是中，騧骊是骖。龙盾之合，鋈以觼軜。言念君子，温其在邑。方何为期，胡然我念之？

　　俴驷孔群，厹矛鋈錞。蒙伐有苑，虎韔镂膺。交韔二弓，竹闭绲縢。言念君子，载寝载兴。厌厌良人，秩秩德音。

🍃 蒹　葭

　　蒹葭苍苍，白露为霜。

　　所谓伊人，在水一方。

　　溯洄从之，道阻且长。

　　溯游从之，宛在水中央。

　　蒹葭凄凄，白露未晞。

所谓伊人，在水之湄。

溯洄从之，道阻且跻。

溯游从之，宛在水中坻。

蒹葭采采，白露未已。

所谓伊人，在水之涘。

溯洄从之，道阻且右。

溯游从之，宛在水中沚。

🍃 羔 裘

羔裘逍遥，狐裘以朝。岂不尔思？劳心忉忉。

羔裘翱翔，狐裘在堂。岂不尔思？我心忧伤。

羔裘如膏，日出有曜。岂不尔思？中心是悼。

🍃 素 冠

庶见素冠兮，棘人栾栾兮。劳心慱慱兮。

庶见素衣兮，我心伤悲兮。聊与子同归兮。

庶见素辫兮，我心蕴结兮。聊与子如一兮。

🍃 隰有苌楚

隰有苌楚，猗傩其枝。夭之沃沃，乐子之无知。
隰有苌楚，猗傩其华。夭之沃沃，乐子之无家。
隰有苌楚，猗傩其实。夭之沃沃，乐子之无室。

🍃 匪　风

匪风发兮，匪车偈兮。顾瞻周道，中心怛兮。
匪风飘兮，匪车嘌兮。顾瞻周道，中心吊兮。
谁能亨鱼？溉之釜鬵。谁将西归？怀之好音。

🍃 蜉　蝣

蜉蝣之羽，衣裳楚楚。心之忧矣，於我归处。
蜉蝣之翼，采采衣服。心之忧矣，於我归息。

蜉蝣掘阅，麻衣如雪。心之忧矣，於我归说。

候　人

彼候人兮，何戈与祋。彼其之子，三百赤芾。
维鹈在梁，不濡其翼。彼其之子，不称其服。
维鹈在梁，不濡其味。彼其之子，不遂其媾。
荟兮蔚兮，南山朝隮。婉兮娈兮，季女斯饥。

鸤　鸠

　　鸤鸠在桑，其子七兮。淑人君子，其仪一
兮。其仪一兮，心如结兮。
　　鸤鸠在桑，其子在梅。淑人君子，其带伊
丝。其带伊丝，其弁伊骐。
　　鸤鸠在桑，其子在棘。淑人君子，其仪不
忒。其仪不忒，正是四国。
　　鸤鸠在桑，其子在榛。淑人君子，正是国
人。正是国人。胡不万年？

鹿　鸣

　　呦呦鹿鸣，食野之苹。我有嘉宾，鼓瑟吹笙。吹笙鼓簧，承筐是将。人之好我，示我周行。

　　呦呦鹿鸣，食野之蒿。我有嘉宾，德音孔昭。视民不恌，君子是则是傚。我有旨酒，嘉宾式燕以敖。

　　呦呦鹿鸣，食野之芩。我有嘉宾，鼓瑟鼓琴。鼓瑟鼓琴，和乐且湛。我有旨酒，以宴乐嘉宾之心。

四　牡

　　四牡騑騑，周道倭迟。岂不怀归？王事靡盬，我心伤悲。

　　四牡騑騑，啴啴骆马。岂不怀归？王事靡盬，不遑启处。

　　翩翩者雉，载飞载下，集于苞栩。王事靡盬，不遑将父。

翩翩者雏，载飞载止，集于苞杞。王事靡
盬，不遑将母。

驾彼四骆，载骤骎骎。岂不怀归？是用作
歌，将母来谂。

皇皇者华

皇皇者华，于彼原隰。駪駪征夫，每怀靡及。

我马维驹，六辔如濡。载驰载驱，周爰咨诹。

我马维骐，六辔如丝。载驰载驱，周爰咨谋。

我马维骆，六辔沃若。载驰载驱，周爰咨度。

我马维骃，六辔既均。载驰载驱，周爰咨询。

常　棣

常棣之华，鄂不韡韡。凡今之人，莫如兄弟。

死丧之威，兄弟孔怀。原隰裒矣，兄弟求矣。

脊令在原，兄弟急难。每有良朋，况也永叹。

兄弟阋于墙，外御其务。每有良朋，烝也无戎。

丧乱既平，既安且宁。虽有兄弟，不如友生。

傧尔笾豆，饮酒之饫。兄弟既具，和乐且孺。

妻子好合，如鼓琴瑟。兄弟既翕，和乐且湛。

宜尔室家，乐尔妻孥。是究是图，亶其然乎！

采 薇

采薇采薇，薇亦作止。曰归曰归，岁亦莫止。

靡室靡家，猃狁之故。不遑启居，猃狁之故。

采薇采薇，薇亦柔止。曰归曰归，心亦忧止。

忧心烈烈，载饥载渴。我戍未定，靡使归聘。

采薇采薇，薇亦刚止。曰归曰归，岁亦阳止。

王事靡盬，不遑启处。忧心孔疚，我行不来。

彼尔维何？维常之华。彼路斯何？君子之车。

戎车既驾，四牡业业。岂敢定居？一月三捷。

驾彼四牡，四牡骙骙。君子所依，小人所腓。

四牡翼翼，象弭鱼服。岂不日戒？猃狁孔棘。

昔我往矣，杨柳依依。今我来思，雨雪霏霏。
行道迟迟，载渴载饥。我心伤悲，莫知我哀！

南有嘉鱼

南有嘉鱼，烝然罩罩。君子有酒，嘉宾式燕以乐。
南有嘉鱼，烝然汕汕。君子有酒，嘉宾式燕以衎。
南有樛木，甘瓠累之。君子有酒，嘉宾式燕绥之。
翩翩者鵻，烝然来思。君子有酒，嘉宾式燕又思。

蓼 萧

蓼彼萧斯，零露湑兮。既见君子，我心写兮。燕笑语兮，是以有誉处兮。

蓼彼萧斯，零露瀼瀼。既见君子，为龙为光。其德不爽，寿考不忘。

蓼彼萧斯，零露泥泥。既见君子，孔燕岂弟。宜兄宜弟，令德寿岂。

蓼彼萧斯，零露浓浓。既见君子，鞗革冲

冲。和鸾雝雝，万福攸同。

湛　露

湛湛露斯，匪阳不晞。厌厌夜饮，不醉无归。

湛湛露斯，在彼丰草。厌厌夜饮，在宗载考。

湛湛露斯，在彼杞棘。显允君子，莫不令德。

其桐其椅，其实离离。岂弟君子，莫不令仪。

彤　弓

彤弓弨兮，受言藏之。我有嘉宾，中心贶之。钟鼓既设，一朝飨之。

彤弓弨兮，受言载之。我有嘉宾，中心喜之。钟鼓既设，一朝右之。

彤弓弨兮，受言櫜之。我有嘉宾，中心好之。钟鼓既设，一朝酬之。